从领口开始编织的棒针毛衫

12 款经典圆育克花样

[美]奥尔加·普塔诺（Olga Putano） 著

舒舒 译

上海科学技术出版社

目　录

导　言

　　小时候在乌克兰长大，我的母亲经常给我们做衣服。这些衣服的材料来自闲置的旧窗帘、来自外婆给的碎布，很少是新布料，母亲知道如何用平凡的材料创造出不平凡的物品。她还给我们织袜子、织毛衣。看着母亲把松散的毛线或碎的布料做成立体的衣物，我佩服不已。

　　六岁左右时，我也想尝试手工，母亲耐心地教我，从此我便一发不可收拾地爱上了手工。从奶奶那要来碎布和毛线，只要她有，她就会送给我，我开始给洋娃娃做衣服。在童年和青少年时期，我一直断断续续地玩着编织和缝纫（偶尔也做其他手工）。

　　成为一位母亲以后，比起缝纫，我更喜爱编织。编织可以随时随地玩起来，而且不需要花费太多精力，而这正是当时的我所能做的。有一天，我的脑海里突然冒出一个想法——做一件漂亮的育克毛衣！可我始终找不到与脑海中的画面相匹配的编织教程，于是我谦卑而紧张地决定，不如自己尝试设计一件。这件作品后来成就了我第一个自行出版的编织教程，而我也从此开始沉迷于编织设计。

　　希望这本书能带给您足够多的起针动力，编织出一件又一件自己喜爱的毛衣，也希望这些毛衣能让您感到安心和舒适。祝您的作品常穿常更新，代代相传。祝您能享受编织的快乐！

奥尔加·普塔诺

（Olga Putano）

如何使用本书

本书包括 12 件育克设计的毛衣，分别采用 3 种不同粗细类型的纱线，从保暖的粗线到轻盈的细线，每种类型的纱线各对应 4 件毛衣。确定您喜欢的毛衣后，请先找到此毛衣所对应的毛线粗细棒针型号，即每章节开头的概述部分，再确定您所需要编织的尺寸，然后根据该毛衣对应的育克图解就可以开始编织了。

为什么偏爱环形编织的育克毛衣?

我设计过几种不同款式和结构的毛衣，它们都有各自的优点。但我一直坚持设计自上往下环形编织的圆育克毛衣，因为这种结构的毛衣可以轻松地匹配任何独特的身材。

自上而下编织的结构，方便您边织边试穿，确认育克的长短，确保袖子合身，还可定制衣身的长度。这种毛衣完全不需要缝合，当您收完最后一针，再藏线尾和定型，就大功告成了!

育克毛衣也非常适合编织的初学者，特别是基础款毛衣，只需要少量的编织技巧即可完成。

为了编织本书的配色毛衣，您需要掌握：起针、收针、下针、上针、加针（左扭或右扭）、减针（左并和右并），以及卷加针的起针方法，仅此而已! 如果您已经熟练掌握了交叉针的编织方法，就可以直接开始编织本书介绍的毛衣了。

对于初学服装编织的人来说，育克毛衣是一个很好的学习起点，而对于更高阶的编织者来说，育克毛衣也是一种既放松又有吸引力的编织项目。

开始您的作品

当您考虑制作毛衣时，首先要对纱线的粗细做选择。您是想做一件温暖舒适又能快速完成的中粗线毛衣，还是想做一件更复杂、耗时更久、可以细细品味每一针，直到制作出一件完美、轻薄可叠穿的细线毛衣，或是选择介于两者之间，更适合不同季节的简单百搭粗线毛衣？

做出选择后，请阅读本书中与您所选纱线粗细相对应的章节。查看该章节中的 4 件育克毛衣，然后选出一件来编织。

每一章的末尾都有全套的文字编织教程，全书包含了中粗线、粗线和细线的 3 种版本。按照同一个教程，可编织出对应线材粗细的任何一件育克毛衣。当教程中提到"按图解编织"，请对照你所选择毛衣款式的育克图解。就是这么简单！

从上往下编织

从上往下编织的毛衣，是从领边开始，然后做一些加针和领口塑形，使毛衣更加合身，且覆盖住后颈。

接下来你将开始最有趣的部分——育克！一旦您按图解织完育克部分，并且长度合适，您就可以分出袖子的针目进行休针，然后继续编织毛衣的主体部分。

完成主体部分后，您就可以接着编织袖子——把袖子的针目穿回棒针上，在腋下挑出几针，做一些减针，使袖子更合身。

育克毛衣是环形编织的，完全不用缝合。

工具和材料

编织的乐趣在于，只要有五颜六色的毛线、合适的棒针和其他一些小物件，您就可以在任何时候织起来。本章介绍的是根据本书来制作一件毛衣所需的所有信息，以及如何选择棒针、纱线和配件。

棒针

制作这些毛衣时，需要不同长度的环形针，以便随着针数的变化来容纳不同的周长。在周长较小的位置（如领口和袖子），您可以使用较短的环形针或双头直棒针。随着针数的增加，换成更长的环形针，以避免针目过于拥挤。

我喜欢使用光滑的不锈钢针，因为针目滑行顺畅，但如果您是编织新手，不妨试试木针，针目会停在原位，不会过分滑动，帮助您更轻松地练习编织技巧。

在选择棒针时，请记住针号的大小并不是最重要的，密度才是更重要的（请参阅第12页"如何获得最佳效果"）。

书中针号只是一个建议，供您试织时参考。先使用圈织的方法编织平针，对样片定型，测量密度后再决定是否需要换大或换小一个针号。

对于中粗线毛衣：以5毫米作为主体用针（或结合密度得出所需的针号），以4毫米作为罗纹边用针（或比所需密度针号小2号）。

对于粗线毛衣：以4毫米作为主体用针（或结合密度得出所需的针号），以3.5毫米作为罗纹边用针（或比所需密度针号小2号）。

对于细线毛衣：以3.5毫米作为主体用针（或结合密度得出所需的针号），以2.75毫米作为罗纹边用针（或比所需密度针号小2号）。

测量棒针直径的方法有多种，标记针号的系统也各不相同，见棒针规格表，毫米数越大棒针越粗。

编织样片时，先从教程推荐的针号开始，然后再按需要上下调整针号，使最终的编织密度与每一章开始的概述处所提示的编织密度相符。一旦您选好了合适的针号，选择比它在针号表格中高2行的针号（小2号）作为罗纹边的针号。

棒针规格

美国针号（号）	米制（毫米）	英国针号（号）
0	2	14
1	2.25	13
2	2.75	12
–	3	11
3	3.25	10
4	3.5	–
5	3.75	9
6	4	8
7	4.5	7
8	5	6
9	5.5	5
10	6	4
10.5	6.5	3
–	7	2
–	7.5	1
11	8	0

纱线

当您在为作品选择纱线时，请思考一下您将如何穿搭和使用。您要经历寒冷的严冬，喜欢叠穿毛衣？可以选择乡村风格的纱线或任何羊毛线。您想要贴身穿着？那适合选择各式羊绒。您正在寻找夏秋早晚的御寒衣物？那就选择与棉或丝混纺的羊毛线。如果您想在阳光下穿针织衫，可以选择棉、亚麻、真丝或以上线材的任意组合。

在世界各地，不同类型和粗细的线材通常使用不同的名称。以下的纱线粗细分类表格，毛线由细到粗进行排列，可以供您在寻找合适的线材时进行参考。

线材粗细分类

美国标准	英国标准	其他标准	中文
Lace	Lace，2ply	Cobweb	特细
Light fingering	3ply	Sock yarn，Baby yarn	超细
Fingering	4ply，Sock yarn	Baby yarn，Super fine	细
Sport	5ply	Heavy fingering，Fine	中细
DK	DK，Double knitting	Light worsted，8ply，Light	粗
Worsted	Aran	10ply，Medium	中粗

纱线的粗细归于哪个类别并不重要，重要的是您是否达到教程所要求的正确编织密度。用您选择的纱线织一个小样，测量出密度。必要时，可以换不同的针号编织，直到达到教程规定的密度。

您也可以将两股线合股成为更粗的纱线来编织。例如，将两股轻盈的中细线合在一起，就可以成为粗。然而，根据纱线的特性，它们的密度可能会更接近中粗线。因此开工之前，试织和测量密度非常重要。

工具

对于任何毛衣的编织，您都需要用来标记一圈起点的记号工具，需要用于袖子休针的别色线（该线要光滑，且比您正在编织的纱线更细），需要藏线尾用的缝针。当然，您还需要量尺和一把小剪刀。

对于有纹理图案的育克部分，您还需要一根麻花辅助针来编织交叉针。辅助针的针号应与作品的针号相同或更小，才不会把针目拉长。

娜奥米毛衣的图解中包含了枣形针，我偏好于用中长针来钩枣形针。如果您想用这种方法制作枣形针，您还需要一根与主针号粗细相同的钩针。

定型时，您需要用羊毛洗涤剂来浸泡毛衣，用毛巾来挤干水分，还需要一些空间来平铺您漂亮的新毛衣，等待毛衣晾干。

如何根据教程编织

在三个种类的毛线章节中，每一章都分别有 4 种育克毛衣可选，随后是对应的完整编织教程。作品按照教程编织，其中育克的部分参照所选版本的图解。

如何阅读图解

一旦学会了如何阅读图解，您的编织体验将发生翻天覆地的变化。不仅因为图解教程比文字教程编织更容易理解，您还会因为自己可以根据任何一种图案进行编织而获得更多编织的信心和快乐。

同一份图解进行圈织和片织，或同一份图解编织双面双色元宝针或马赛克提花时，都有一些不同之处。接下来，我将解释如何阅读对应作品的图解，这些图案都是圈织的。如果您不熟悉图解，建议您在开始之前多读几遍下方的说明。这其实很简单，但任何新事物在开始时都会有点挑战性。

图解中的每个方格代表棒针上的一个针目，或者说一个编织动作。接下来是颜色和符号。那些随着图解的进展而消失的灰色方格是什么？那是"无针"方格，没有针目，不用编织。如果还不明白，您只需忽略这些灰色的"无针"方格，继续编织下一个其他颜色的方格即可。随着图解的进展，您将会加入新的针目（加针发生在"左 / 右扭加针"符号的位置），而"无针"方格也会随着每一轮加针而减少。图解旁边的符号说明会告诉每一个方格对应作品中的纱线颜色，您只需按照指定的颜色编织即可。每当您要编织的方格中出现符号时，请再次查看符号说明，确认这一格要用相应的哪种颜色、哪种针法（上针、交叉针等）。注意交叉针花样会占用不只 1 个格子，因为这种针法起码使用 2 针以上。

育克毛衣的专属图解（在 1 行中）会不断重复，直到棒针上的针目织完 1 圈。每行，始终从右向左阅读图解（每圈都是这样开始的）。从图解的右下角开始，从右向左按照横向第 1 排的图解编织，以此作为育克第 1 圈。图解上的符号织完后，再从头开始重复，一次又一次地重复，直到织到下一圈的起点。然后，继续编织第 2 圈（横向第 2 排的图解），按此方法编织下去，直到织完整份图解。

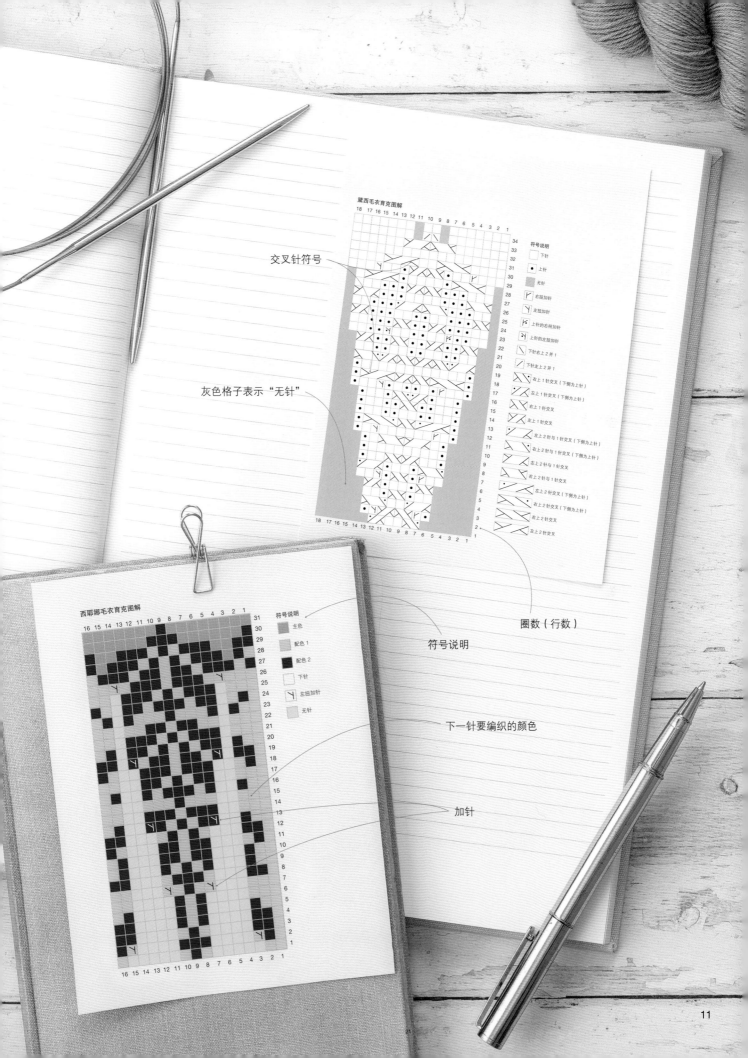

黛西毛衣育克图解

交叉针符号

灰色格子表示"无针"

| 符号说明 |
| 下针 |
| 上针 |
| 无针 |
| 右扭加针 |
| 左扭加针 |
| 上针的右扭加针 |
| 上针的左扭加针 |
| 下针右2并1 |
| 下针左2并1 |
| 左上1针交叉（下侧为上针） |
| 右上1针交叉（下侧为上针） |
| 左上1针交叉 |
| 右上1针交叉 |
| 左上2针与1针交叉（下侧为上针） |
| 右上2针与1针交叉（下侧为上针） |
| 左上2针与1针交叉 |
| 右上2针与1针交叉 |
| 左上2针交叉（下侧为上针） |
| 右上2针交叉（下侧为上针） |
| 左上2针交叉 |

圈数（行数）

符号说明

西耶娜毛衣育克图解

| 符号说明 |
| 主色 |
| 配色1 |
| 配色2 |
| 下针 |
| 左扭加针 |
| 无针 |

下一针要编织的颜色

加针

如何获得最佳效果

圆育克毛衣是很棒的作品，因为这类毛衣很容易根据您的身材和喜好来调整。不过，要想做到合身，您首先需要考虑尺寸和密度。

编织密度

让我们来谈谈编织密度（也可称为松紧程度），对许多人来说，这似乎是编织中不那么令人兴奋的部分，但却非常重要！很多读者会说，我从来没有按教程要求织过样片，以获得正确的密度。曾经我也是这样的编织者！为什么得出正确的密度如此重要呢？当您以错误的密度来编织毛衣，织出来的成品尺寸不会合身。密度太小，衣服容易偏小；密度太大，衣服也会过大。那么，如果编织的不是服装，而是披肩或围巾呢？还需要花时间去定型和测量样片吗？当然需要！如果密度不对，织物成品的质地或悬垂性肯定会有差异，最终的效果您可能会不满意。

另一个需要在样片上花时间的原因是，如果您的密度与教程规定的不一致，该教程中所指定的纱线（粗细）要求会发生很大的变化。

每一份教程中所规定的编织密度，有时可以通过不同粗细的纱线来实现。例如，对于本书中使用粗线织出的密度，你可以换成比细线略粗的中细线、甚至比粗线略粗的中粗线。如果您使用粗细不同于教程要求的纱线能达到规定的编织密度，并且对这种线材的悬垂性和质感也感到满意，那么您完全可以使用自己选择的线材来编织！

朋友们，让我们学会享受编织毛衣的过程，并确保完成后的作品我们确实能穿上。花少量的时间织一块样片，确保您花在作品上的时间不会白白浪费。

尺寸和松量

　　您是如何选择毛衣尺寸的？我们每个人对毛衣的合身程度都有不同的偏好。我自己的雪松箱里就有各种尺寸的套头衫和开衫。贴身的可以搭配我宽松的阔腿裤，稍微宽松的可以搭配我最喜欢的牛仔裤，甚至还有超大码的，非常适合在寒冷的日子里穿。这些毛衣我全都喜欢！但是，在这本书里，您该如何决定呢？

　　本书的毛衣都是以5～10厘米的加放松量来设计的，这个胸围尺寸比实际净胸围要大。所以，您也可以参考其他尺码，看看自己是否喜欢松量更大或更小的尺码。除了胸围，袖围也是需要考虑的重要因素。如果您选择的尺寸偏小，袖围是否也适合您的身材？如果您选择的尺码偏大，您是否接受看上去更宽松的袖子？

　　请记住，不同尺码的领口也会有所不同。如果您碰巧选择了偏大于教程所要求的胸围尺寸来编织，避免领口过宽的方法之一是使用较小号的棒针来起针，但要确保不会太紧，并且能轻松地套头穿上。

育克、衣身和袖长

　　这些从上往下编织的毛衣，您可以边织边试穿，根据自己的喜好来决定育克和衣身的长度。

　　在分出袖子之前，先试穿，然后使用主色继续编织平针，直到育克长度合适。

　　对于衣身和袖子，您都可以通过多织或少织平针的部分来改变长度。最后再编织罗纹边。

　　请记住，这些变化也会影响作品的实际用线量。

概述

中粗线毛衣最适合在一年中最寒冷的月份里穿，保暖又舒适。它们织起来很快，我喜欢毛线从指间滑过的感觉。本章中的 4 款毛衣是您开始接触毛衣编织的绝佳起点——对初学者来说足够简单，对有经验的编织者来说依然非常有吸引力。

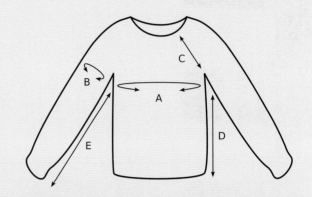

您将需要

棒针

· 美制 8 号 / 5 毫米织主体
（或可获得所需密度的针号）
· 美制 6 号 / 4 毫米织罗纹边
（或比主针号小 2 号的棒针）

小工具

· 记号
· 别色线
· 缝针
· 麻花辅助针（用于娜奥米毛衣和黛西毛衣）
· 与主针号匹配的钩针（用于娜奥米毛衣的泡泡针）

选择您的尺码

成品尺寸

尺码		1	2	3	4	5	6	7	8	9	10
A：胸围（圈围）	英寸	32	36	40	44	48	52	56	60	64	68
	厘米	81.5	91.5	101.5	112	122	132	142	152.5	162.5	172.5
B：上臂围（圈围）	英寸	12	13	14	16	17	18	20	21	22	23
	厘米	30.5	33	35.5	40.5	43	45.5	51	53.5	56	58.5
C：育克长（前片）	英寸	8	8.5	9	9.5	10	10.25	10.5	10.75	11	11.25
	厘米	20.5	21.5	23	24	25.5	26	26.5	27.5	28	28.5

D：腋下长（从腋下至下摆）：33 厘米（13 英寸）

E：袖下长（从腋下至袖口）：44.5 厘米（17.5 英寸）

编织密度

10 厘米 ×10 厘米面积内 16 针 ×20 圈，环形编织的平针花样，定型后测量。

西耶娜毛衣　　黛西毛衣

娜奥米毛衣　　欧珀毛衣

西耶娜毛衣

西耶娜毛衣的育克织起来很简单，注意有几圈提花的横渡线较长，只有少量的几圈提花会同时使用到3种颜色。

我喜欢用这种线材编织，因为它的光晕效果让毛衣看起来更有乡村风味。

选择3种颜色对比度较高的纱线，就可以开始编织了。您很快就能完成！

纱线用量

纱线：The Fibre Co. Lore，100% 羔羊毛，100 克 /250 米

尺码		1	2	3	4	5	6	7	8	9	10
主色	码	734	790	846	903	959	1 016	1 072	1 128	1 185	1 241
	米	672	723	774	826	877	930	981	1 032	1 084	1 135
配色 1	码	92	99	107	114	122	130	137	145	152	160
	米	84	91	98	104	112	119	125	133	139	146
配色 2	码	81	88	95	102	109	115	122	130	138	146
	米	74	80	87	94	100	105	112	119	126	134

教程提示

如果您像我一样上身较短，喜欢把毛衣往内折，可以考虑把身体部分织得稍短一些。反之，在寒冷的季节，您也可以将它织得稍长一些，甚至做成长罩衣或连衣裙！有非常多的可能性，只要记住，这些调整会改变实际用线量，对用线量做好相应的预估就可以了。

西耶娜毛衣育克图解

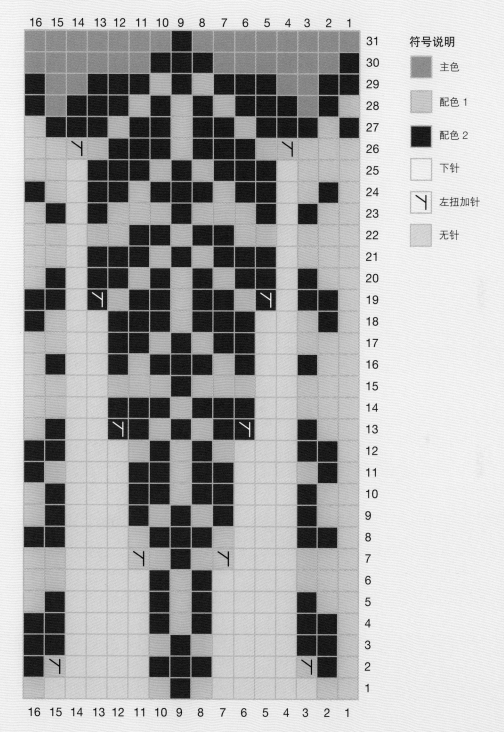

欧珀毛衣

　　欧珀毛衣是一款非常适合初学者的提花毛衣。编织过程中一次最多只使用两种颜色的纱线，只有少量几圈提花的横渡线较长，需要作夹绕。

　　选择两种对比度较好的颜色编织育克，然后选择第3种互补色编织毛衣的其余部分。

　　使用两种对比色编织样片时，尝试不同的配色组合，比如将开始处的浅色换成深色，可以为育克部分创造出截然不同的效果。

纱线用量

纱线：Julie Asselin Journey Worsted，80% 美利奴羊毛 /20% 塔基羊毛，115 克 /192 米

尺码		1	2	3	4	5	6	7	8	9	10
主色	码	645	716	787	858	929	1 000	1 071	1 142	1 213	1 284
	米	590	655	720	785	850	915	979	1 044	1 109	1 174
配色 1	码	93	100	108	116	124	131	139	147	154	162
	米	85	92	99	106	113	120	127	134	141	148
配色 2	码	118	128	138	148	158	168	178	188	198	208
	米	108	117	126	135	144	154	163	172	181	190

教程提示

　　选择两种对比度非常高的颜色作为配色，选择一种互补色作为主色。纯色和半纯色都是提花设计的有趣选择。我个人喜欢对比度大的颜色，这样可以让图案更加鲜明、突出。背景中的斑点色系也能为您的作品增添一些亮点，但要注意不要将斑点中的主要颜色用作对比色使用。

欧珀毛衣育克图解

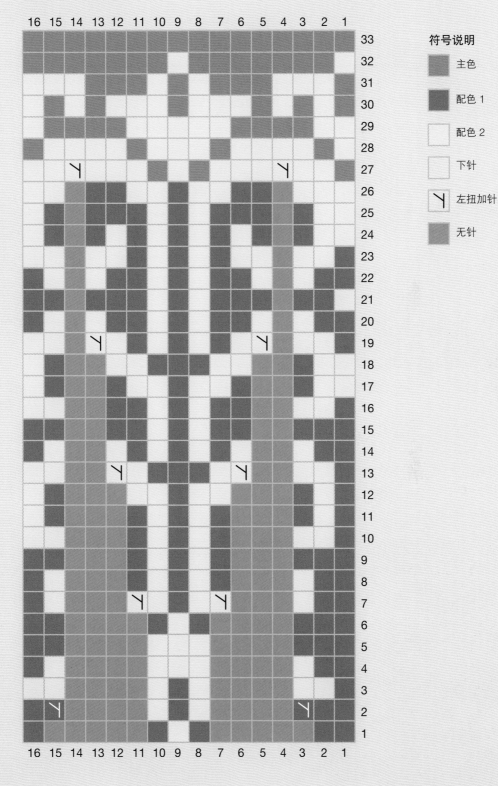

娜奥米毛衣

　　娜奥米毛衣育克部分利用交叉针、泡泡针和简单的上下针，创造出丰富的层次和图案。

　　泡泡针的织法有很多，选择您最喜欢最熟练的方法。如果您还在寻找更合适的方法，推荐您试试我最喜欢的用钩针编织的中长针枣形针。

　　这件作品使用的纱线非常光滑，针脚可以顺滑地移动，这将有助于完成育克上那些有趣的交叉和扭转花样。

纱线用量

纱线：Woolberry Fiber Co. Berry Worsted，100% 超耐洗美利奴羊毛，100 克 /199 米

尺码		1	2	3	4	5	6	7	8	9	10
主色	码	851	916	981	1 047	1 112	1 178	1 243	1 308	1 374	1 439
	米	778	838	897	958	1 017	1 077	1 137	1 196	1 257	1 316

教程提示

　　此作品的交叉针分为2针、3针和4针，以及上针和下针交叉，请仔细按照每个交叉针符号的说明进行操作。确保使用正确的加针方法，按照图解的指示作左方向或右方向的加针，以保持图案正确。

　　另一种增加层次和纹理的方法是为这件作品选择带斑点的纱线。建议用不同的线材编织样片，帮助您确定想要的效果。

娜奥米毛衣育克图解

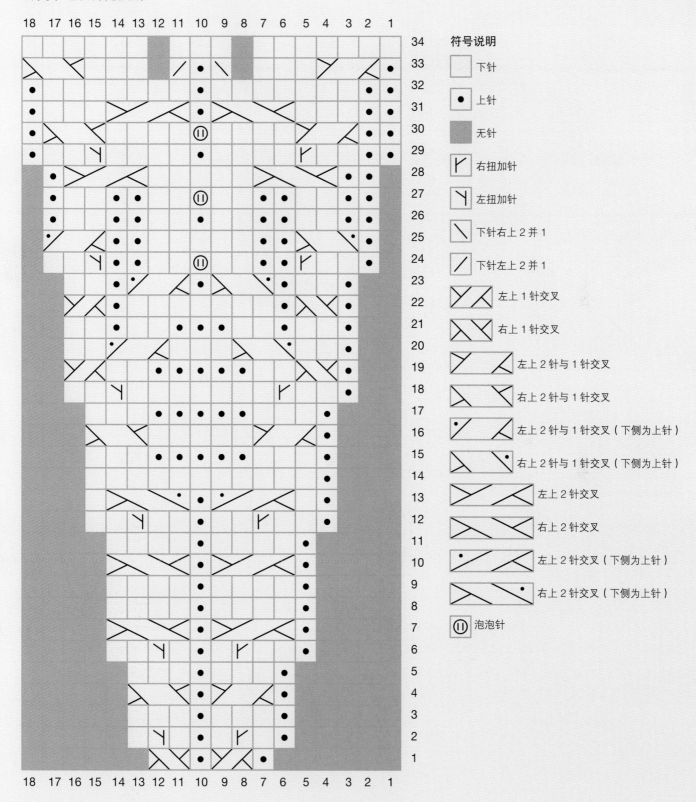

符号说明

符号	说明
□	下针
•	上针
▨	无针
Ⴧ	右扭加针
Ⴤ	左扭加针
╲	下针右上2并1
╱	下针左上2并1
⤬	左上1针交叉
⤬	右上1针交叉
⤬	左上2针与1针交叉
⤬	右上2针与1针交叉
⤬	左上2针与1针交叉（下侧为上针）
⤬	右上2针与1针交叉（下侧为上针）
⤬	左上2针交叉
⤬	右上2针交叉
⤬	左上2针交叉（下侧为上针）
⤬	右上2针交叉（下侧为上针）
Ⓤ	泡泡针

黛西毛衣

我的很多图案的设计灵感都来自大自然的花朵。

黛西毛衣是一款以上下针纹理结合交叉花样的育克毛衣，灵感来自向日葵的花瓣。百转千回的花样在育克上舞动，最后在末端汇聚成一个柔软的尖角。

这种质朴而柔软的纱线能很好地固定住交叉针目。选择一种更有层次感的颜色，使织物的纹理更加突出。

纱线用量

纱线：The Farmer's Daughter Fibers Pishkun，100% 兰布莱羊毛，100 克 /233 米

尺码		1	2	3	4	5	6	7	8	9	10
主色	码	832	898	960	1 024	1 088	1 152	1 216	1 280	1 344	1 408
	米	761	821	878	937	995	1 054	1 112	1 171	1 229	1 288

教程提示

　　此作品的交叉针分为 2 针、3 针和 4 针，以及上针和下针，请仔细按照每个交叉针符号的说明进行操作。确保使用正确的加针方法，按照图解的指示作左方向或右方向的加针，注意加针是上针还是下针，以保持图案正确，让交叉针的花样清晰地呈现。

　　中粗线的毛衣适合在寒冷的天气里穿，如果毛衣后领口下垂，那就不太舒适了。为了解决这个问题，您可以多织几行后领口的引返以塑形。这样，毛衣的后领就会稍微高一点，寒冷的冬天就可以覆盖得严实一些了。

黛西毛衣育克图解

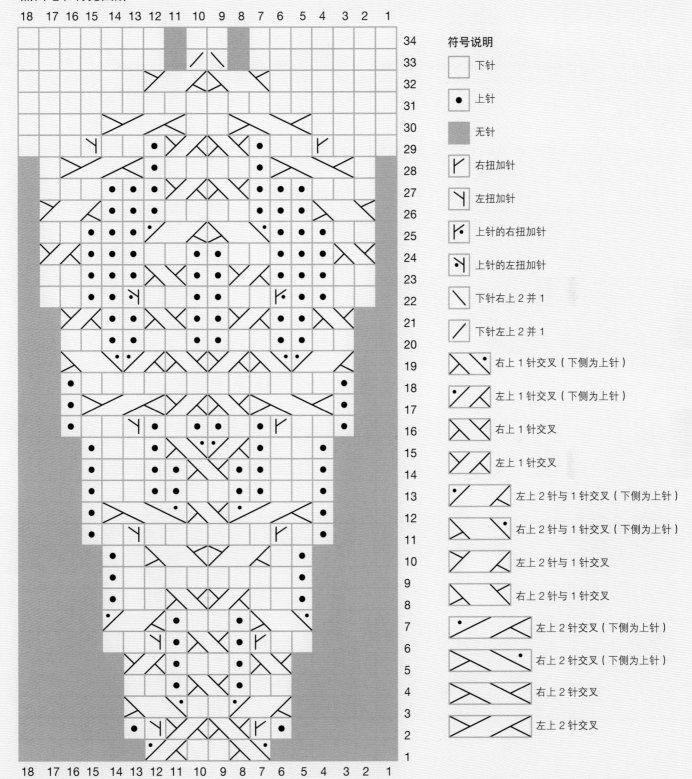

符号说明

符号	说明
□	下针
●	上针
▨	无针
Ⴤ	右扭加针
Y	左扭加针
Ⴤ	上针的右扭加针
Y	上针的左扭加针
＼	下针右上2并1
／	下针左上2并1
＼	右上1针交叉（下侧为上针）
＼	左上1针交叉（下侧为上针）
＼	右上1针交叉
＼	左上1针交叉
＼	左上2针与1针交叉（下侧为上针）
＼	右上2针与1针交叉（下侧为上针）
＼	左上2针与1针交叉
＼	右上2针与1针交叉
＼	左上2针交叉（下侧为上针）
＼	右上2针交叉（下侧为上针）
＼	右上2针交叉
＼	左上2针交叉

中粗线毛衣编织教程

在寒冷的季节里，用中粗线编织是我最喜欢做的事，而穿上用这些编织好的毛衣则是第二喜欢的事。它们是如此温暖舒适！

您可以选择柔和的颜色和质朴的纱线，为您的毛衣带来一层光晕，也可以使用对比强烈的颜色和高股精纺的线材，使针迹清晰明了。

如果您迫不及待想穿上自己的编织作品，且喜欢在寒冷的天气里进行户外活动，或者您只是喜欢把自己裹得严严实实的，那就挑选一款质地柔软的毛线，让毛线在您的指尖滑动，很快您就能拥有一件温暖多年的毛衣了。

教程

开始

使用小号棒针，用西耶娜毛衣的配色2，或欧珀毛衣的配色2，或娜奥米毛衣的主色，或黛西毛衣的主色，长尾起针法或您所惯用的起针方法，松松地起（62，64，68）72，74，76（76，80，84）88针。放记号标记后领口，首尾相连准备圈织。此记号称为圈首记号。

第1圈： *1针下针、1针上针*重复至圈首记号。

再重复第1圈3次。

换用主棒针，换成西耶娜毛衣的配色1，或欧珀毛衣的配色1，或继续用娜奥米毛衣的主色，或黛西的主色。

加针圈

尺寸1： *（4针下针，左扭加针）3次，3针下针，左扭加针*重复至最后2针前，2针下针。

尺寸2： *（3针下针，左扭加针）3次，4针下针，左扭加针*重复至最后12针前，*3针下针，左扭加针*再重复3次。

尺寸3： *4针下针，左扭加针，（3针下针，左扭加针）10次*再重复1次。

尺寸4： *3针下针，左扭加针*重复至圈首记号。

尺寸5： *（3针下针，左扭加针）2次，2针下针，左扭加针*重复至最后2针前，2针下针，左扭加针。

尺寸6： *（2针下针，左扭加针）2次，3针下针，左扭加针*重复至最后6针前，*3针下针，左扭加针*再重复1次。

尺寸7～10： *2针下针，左扭加针*重复至圈首记号。

（78，84，90）96，102，108（114，120，126）132针。

后领引返塑形

推荐使用德式引返方法，在我看来这是最不明显的引返方法。当教程写到"翻面"时，您也可以自由地使用您所惯用的引返方法。

第1行（正面）： 下针编织（19，21，23）25，27，29（31，33，35）37针，翻面。

第2行（反面）： 上针编织回圈首记号，滑过记号，上针

编织（19，21，23）25，27，29（31，33，35）37针，翻面。

第3行（正面）：卜针编织至超过上一次引返的针目3针处，翻面。

第4行（反面）：上针编织至超过上一次引返的针目3针处，翻面。

将第3行和第4行再重复2次。下针编织至圈首记号。

编织一圈，将遇到的引返的针目消行（挑起之前为了引返而在针目上环绕的线圈，将它与对应的针目进行并针）。

按图解编织。

（208，224，240）256，272，288（304，320，336）352针。

继续使用主色线编织平针，直到育克前片的长度达到（20.5，21.5，23）24，25.5，26（26.5，27.5，28）28.5厘米。此时是试穿育克的好时机，以确认它是否适合自己的身材。必要时，你可以在分袖前织长一些，注意这将增加实际的用线量。

分袖

从圈首记号开始，下针编织（30，33，36）38，41，44（46，49，52）55针。

将接下来的（44，46，48）52，54，56（60，62，64）66针用废线穿起，作为右袖。

使用卷加针起针法，起（4，6，8）12，14，16（20，22，24）26针。编织接下来的（60，66，72）76，82，88（92，98，104）110针。

将接下来的（44，46，48）52，54，56（60，62，64）66针用废线穿起，作为左袖。

使用卷加针起针法，起（4，6，8）12，14，16（20，22，24）26针，在这些针目的中间位置挂记号，标记为圈首记号。

（128，144，160）176，192，208（224，240，256）272针。

继续环形编织平针，直到衣身的长度离腋下的起针处28厘米，或比您理想的总衣身短5厘米。

换成小号棒针。

第1圈：*1针下针，1针上针*重复至圈首记号。

重复第1圈，直到下摆长约5厘米。按单罗纹规律松松地收针。

袖子

两只袖子的编织方法是相同的。

将第1只袖子的（44，46，48）52，54，56（60，62，64）66针穿回到棒针上。从针目结束和腋下开始的位置，接上主色线，挑针编织（4，6，8）12，14，16（20，22，24）26针，再从腋下的档分的两侧各多挑1针。在这些腋下针目的正中间放记号。这将成为袖子的圈首记号。

（50，54，58）66，70，74（82，86，90）94针。

第1圈：下针编织至袖子（挑出来的针目前）余1针，下针右上2并1，下针编织至圈首记号。

第2圈：下针编织至最后1针挑针之前（在袖子针目之前），下针左上2并1，下针编织至圈首记号。

（48，52，56）64，68，72（80，84，88）92针。

袖子减针

第1步：下针编织（9，9，8）7，5，4（4，4，3）圈。

第2步：2针下针，下针左上2并1，下针编织至最后4针前，下针右上2并1，2针下针。

重复第1~2步（5，4，6）7，9，11（12，14，16）15次。

（36，42，42）48，48，48（54，54，54）60针。

然后继续编织平针，直到袖子长度离腋下起针处38厘米，或比您理想的总袖长短5厘米。

减针圈

第 1 圈：*4 针下针，下针左上 2 并 1* 重复至圈首记号。

(30，35，35) 40，40，40 (45，45，45) 50 针。

编织 1 圈下针。

袖口

换成小号棒针。

尺寸 1、4、5、6、10： *1 针下针，1 针上针* 重复至圈首记号。

尺寸 2、3、7、8、9： 下针左上 2 并 1，1 针上针，*1 针下针，1 针上针* 重复至圈首记号。

(--，34，34) --，--，-- (44，44，44) -- 针。

继续按单罗纹针规律编织，直到袖口长约 5 厘米。

按单罗纹规律，松松地收针。

重复此方法，编织第 2 只袖子。

收尾

毛衣织完后，您需要做一些收尾工作。

首先，您需要将毛衣起针和收针处露出的所有线尾藏好。用缝针将作品反面的线尾松松穿藏，然后小心地剪掉多余的线尾。

最后且最重要的一点是定型。将织好的毛衣浸泡在室温的水中，加入少许羊毛洗涤剂，浸泡 15～20 分钟。然后，将毛衣从水中捞出并挤压出水分。如果您使用的纱线是动物纤维，则必须更小心，轻轻地挤压织物，不要搅动，以免织物产生毡缩。我通常会把毛衣放在两条毛巾中间，卷起来，然后轻轻地踩踏在卷起的毛巾上。接下来，把毛衣铺开并定型、晾干。毛衣将以您所放置晾干的状态定型，所以一定要定型在需要的尺寸。

毛衣晾干后就可以穿了！享受您的辛勤劳动成果吧！

备注：＊＊表示重复星号之间的指导，直到指定位置为止。

简单百搭的
粗线毛衣

概述

粗线毛衣是我最喜欢设计和编织的类型。它介于中间的完美粗细程度，方便我融入一些特定的编织细节，且织出来的毛衣也是衣橱里的百搭单品。本章的4款毛衣可以调整为其他粗细的毛线编织，只需要您在开始编织前，先编织样片，并尝试不同针号，以获得正确的编织密度。

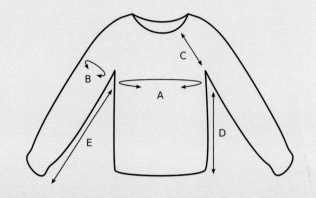

您将需要

棒针

· 美制6号/4毫米织主体
  （或可获得所需密度的针号）
· 美制4号/3.5毫米织罗纹针
  （或比主针号小2号的棒针）

小工具

· 记号
· 别色线
· 缝针
· 麻花辅助针（用于雅娜毛衣）

选择您的尺码

成品尺寸

尺码		1	2	3	4	5	6	7	8	9	10
A: 胸围（圈围）	英寸	32	36	40	44	48	52	56	60	64	68
	厘米	81.5	91.5	101.5	112	122	132	142	152.5	162.5	172.5
B: 上臂围（圈围）	英寸	11.25	12.25	13.25	15	16	17	18.75	20.5	22.5	24.25
	厘米	28.5	31	33.5	38	40.5	43	47.5	52	57	61.5
C: 育克长度（前片）	英寸	8	8.5	9	9.5	10	10.25	10.5	10.75	11	11.25
	厘米	20.5	21.5	23	24	25.5	26	26.5	27.5	28	28.5

D: 腋下长（从腋下至下摆）：33厘米（13英寸）

E: 袖下长（从腋下至袖口）：44.5厘米（17.5英寸）

编织密度

10厘米×10厘米面积内20针×26圈，环形编织的平针花样，定型后测量。

玛莎毛衣　　乔西毛衣

雅娜毛衣　　奥德丽毛衣

玛莎毛衣

　　玛莎毛衣的育克，请使用两种对比强烈的颜色，然后在毛衣的其余部分添加第 3 种互补色。这件毛衣使用的纱线织出来针迹清晰，颜色之间的对比更加鲜明。

　　我做的这件毛衣衣身偏短。您可以通过在主体部分多织或少织若干圈的平针，来调整毛衣的长度。注意这将改变作品的实际用线量。

纱线用量

纱线：Brooklyn Tweed Arbor Yarn，100% 美国塔基羊毛，50 克 /133 米

尺码		1	2	3	4	5	6	7	8	9	10
主色	码	819	887	956	1 024	1 091	1 160	1 229	1 297	1 364	1 431
	米	749	811	874	937	998	1 061	1 124	1 186	1 248	1 309
配色 1	码	192	208	224	240	256	272	287	303	319	335
	米	176	190	205	220	234	249	262	277	292	306
配色 2	码	189	205	221	236	252	268	283	299	315	331
	米	173	187	202	216	230	245	259	273	288	303

教程提示

　　选择两种对比度非常高的颜色作为配色 1 和配色 2，然后为毛衣的其余部分选择一个互补色作为主色。弹性好、针脚清晰的线材会让图案设计更突出、更清晰。

玛莎毛衣育克图解

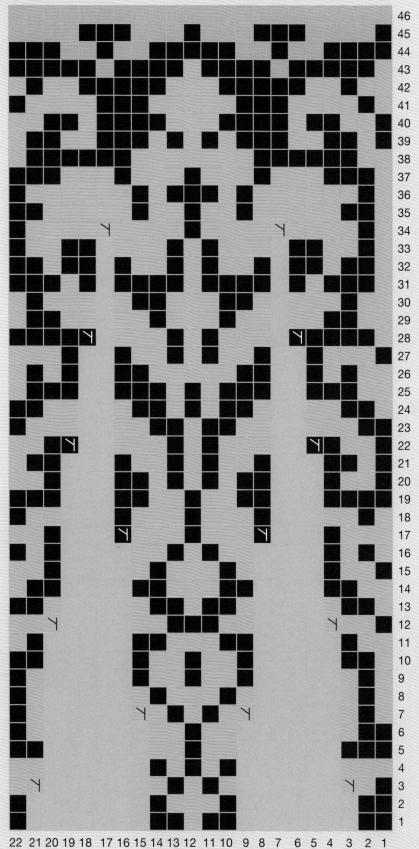

乔西毛衣

　　乔西毛衣的育克请选择两种对比强烈的颜色，然后为毛衣的其余部分选择第 3 种互补色。

　　在决定纱线之前，试着想象一下您将如何穿这件毛衣。如果您喜欢在毛衣里面穿一件打底衫，您可以选择更粗糙的纱线。我这件作品使用的线材纤维柔软，可以紧贴皮肤穿着，而不会产生刺激。

纱线用量

纱线：mYak Baby Yak Medium，100% 婴儿牦牛毛，50 克 /114 米

尺码		1	2	3	4	5	6	7	8	9	10
主色	码	685	742	799	856	914	971	1 028	1 085	1142	1 199
	米	626	678	731	783	836	888	940	992	1 044	1 096
配色 1	码	190	206	222	238	253	269	285	301	317	333
	米	174	188	203	218	231	246	260	275	290	305
配色 2	码	101	112	123	134	145	156	167	178	189	200
	米	92	102	112	123	133	143	153	163	173	183

教程提示

选择两种对比度非常高的颜色作为配色 1 和配色 2，然后为毛衣的其余部分选择一种互补色作为主色。图解中，颜色变化之间距离较长的地方，要对毛线进行夹绕，以避免出现长而松散的横渡线。

乔西毛衣育克图解

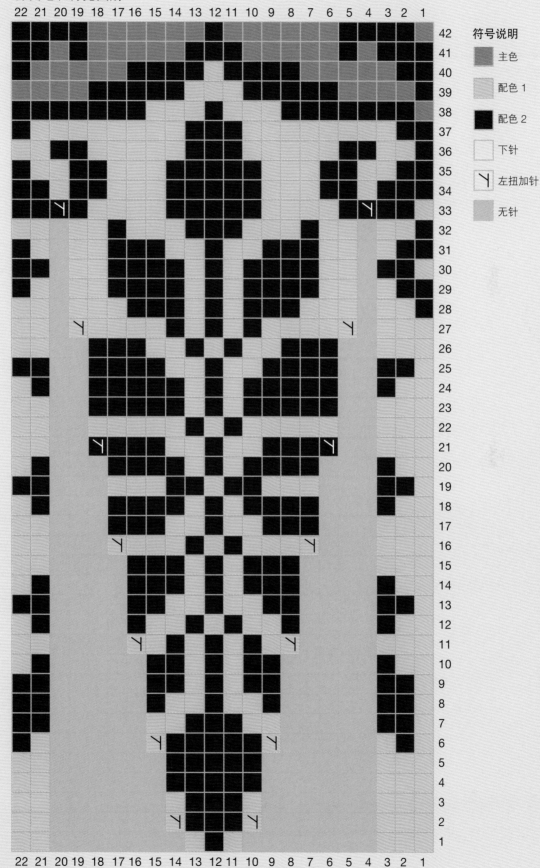

符号说明

主色

配色 1

配色 2

下针

左扭加针

无针

雅娜毛衣

　　雅娜毛衣这件作品的特色在于纹理，是用喜欢的纱线包裹自己的绝佳机会。

　　在这件毛衣中，我使用了一种具有乡村风格但手感更柔软的线材。

　　加捻紧实、针脚清晰的纱线非常适合编织交叉花样，可让纹样设计更清晰。用您的纱线编织一块样片，看看效果是否喜欢。

纱线用量

纱线：Primrose Yarn Co. Roan DK，60% 超级水洗美利奴羊毛 /40% 非超级水洗美利奴羊毛，100 克 /210 米

尺码		1	2	3	4	5	6	7	8	9	10
主色	码	848	913	978	1 044	1 109	1 174	1 239	1 305	1 370	1 435
	米	776	835	895	955	1 014	1 074	1 133	1 193	1 253	1 313

教程提示

　　此作品的交叉针分为 2 针、3 针和 4 针，以及上针和下针，请仔细按照每个交叉针符号的说明进行操作。确保使用正确的加针方法，按照图解的指示作左方向或右方向的加针，注意加针为上针还是下针，以保持图案正确，让交叉针的花样清晰地呈现。

雅娜毛衣育克图解

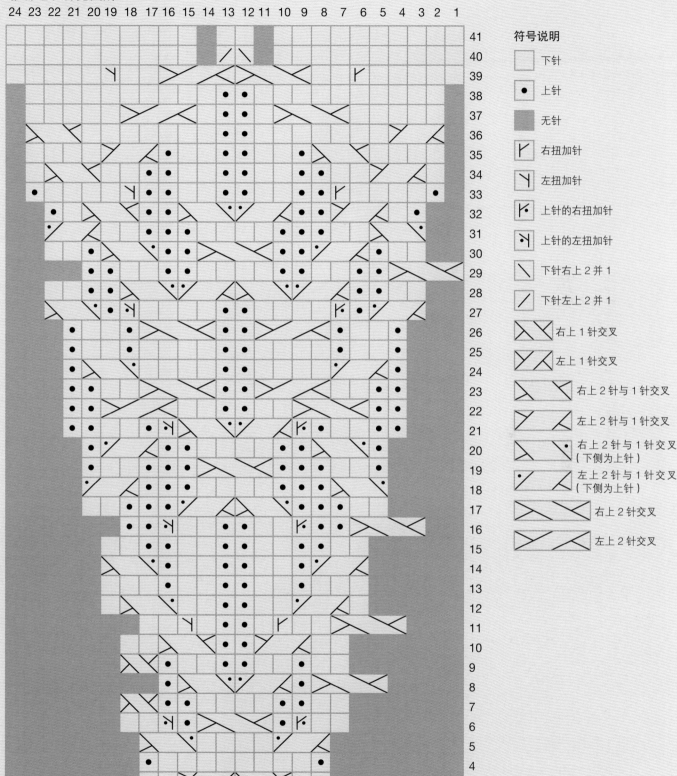

奥德丽毛衣

　　对于奥德丽毛衣，您只需要准备两种颜色。当然如果您喜欢，也可以增加更多的颜色，如在织到育克的一半时更换对比色，或者用两种颜色织育克再用第 3 种颜色织主体。我建议大家为提花图案选择对比度大的颜色，但也可以探索不同的颜色组合来发现适合自己的风格。

　　可以考虑选择书中使用的奢华线材来款待自己，亲手制作一件传家宝级别的毛衣，如果保养得当，定能经久耐穿。

纱线用量

纱线：Clinton Hill Cashmere Company Bespoke DK Cashmere，100% 羊绒，50 克 /114 米

尺码		1	2	3	4	5	6	7	8	9	10
主色	码	600	675	750	825	900	975	1 050	1 125	1 200	1 275
	米	549	617	686	754	823	891	960	1 029	1 097	1 166
配色	码	107	116	125	134	143	152	161	170	180	189
	米	98	106	114	123	131	139	147	155	165	173

教程提示

选择两种对比度非常高的颜色作为主色和配色。
注意超过 6 针的提花横渡线要夹绕，这将有助于保持
密度统一，穿毛衣时横渡线也不会被挂住。我通常遵
循的原则是，如果横渡线长于 2.5 厘米就夹绕。

奥德丽毛衣育克图解

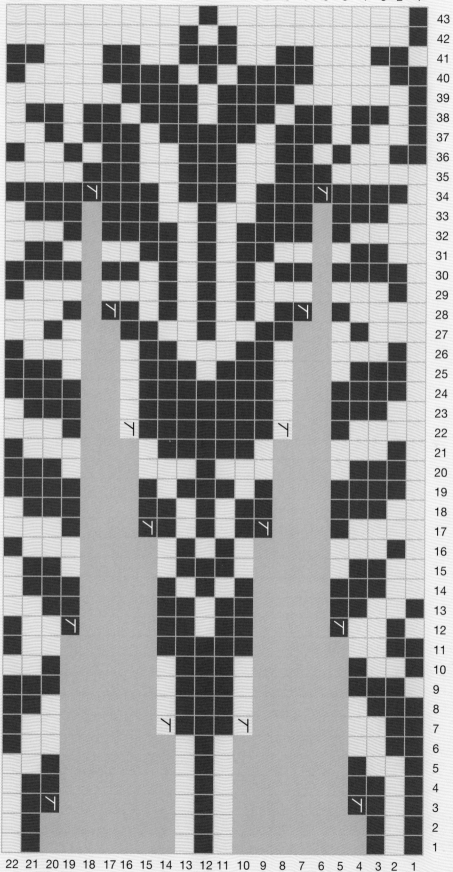

粗线毛线编织教程

粗线编织起来相当快，但仍足以让您享受编织过程。

请记住，本章中的毛衣不一定非要使用粗线来编织。如果您有心仪的中粗线，可以用比教程建议的针号细一些的棒针来编织样片。尝试不同的针号，直到达到教程要求的编织密度。如果您喜欢某款线材创作出来的织物，那就用它织毛衣吧！如果使用的是比粗线略细的线材，则相反，换粗一号针号，直到达到正确的编织密度，然后根据教程密度织出来的织物决定，是否使用这款线材织毛衣。

大胆探索各种可能性吧！

教程

开始

使用细号棒针，用玛莎毛衣的配色 2，或乔西毛衣的配色 1，或雅娜毛衣的主色，或奥德丽毛衣的主色，长尾起针法或您所惯用的起针方法，松松地起（84，90，90）90，96，102（104，108，112）112 针。放记号标记后领口，首尾相连准备圈织。此记号称为圈首记号。

第 1 圈： *1 针下针，1 针上针* 重复至圈首记号。

将第 1 圈再重复 3 次。

换用主针号，换成玛莎毛衣的配色 1，或继续使用乔西毛衣的配色 1，或雅娜毛衣的主色，或奥德丽毛衣的主色。

加针圈

尺寸 1： *7 针下针，左扭加针* 重复至圈首记号。

尺寸 2： 6 针下针，左扭加针，6 针下针，左扭加针，*7 针下针，左扭加针，6 针下针，左扭加针* 重复至圈首记号。

尺寸 3： *4 针下针，左扭加针* 重复至最后 2 针前，2 针下针。

尺寸 4 ~ 6： *3 针下针，左扭加针* 重复至圈首记号。

尺寸 7： 4 针下针，左扭加针，3 针下针，左扭加针，*2 针下针，左扭加针，3 针下针，左扭加针* 重复至最后 7 针前，4 针下针，左扭加针，3 针下针，左扭加针。

尺寸 8： 2 针下针，左扭加针，2 针下针，左扭加针，*2 针下针，左扭加针，3 针下针，左扭加针* 重复至最后 4 针前，2 针下针，左扭加针，2 针下针，左扭加针。

尺寸 9： *2 针下针，左扭加针，2 针下针，左扭加针，3 针下针，左扭加针* 重复至圈首记号。

尺寸 10： *2 针下针，左扭加针* 重复至圈首记号。

（96，104，112）120，128，136（144，152，160）168 针。

后领引返塑形

推荐使用德式引返方法，在我看来这是最不明显的引返方法。当教程写到"翻面"时，您也可以自由地使用您所惯用的引返方法。

第 1 行（正面）： 下针编织（20，22，24）27，30，33（36，39，42）44 针，翻面。

第 2 行（反面）：上针编织回圈首记号，滑过记号，上针编织（20，22，24）27，30，33（36，39，42）44 针，翻面。

第 3 行（正面）：下针编织至超过上一次引返的针目 4 针处，翻面。

第 4 行（反面）：上针编织至超过上一次引返的针目 4 针处，翻面。

将第 3 行和第 4 行再重复 2 次。下针编织至圈首记号。

编织一圈，将遇到的引返的针目消行（挑起之前为了引返而在针目上环绕的线圈，将它与对应的针目进行并针）。

按图解编织。

（264，286，308）330，352，374（396，418，440）462 针。

继续使用主色线编织平针，直到育克前片的长度达到（20.5，21.5，23）24，25.5，26（26.5，27.5，28）28.5 厘米。此时是试穿育克的好时机，以确认它是否适合自己的身材。必要时，您可以在分袖前织长一些，注意这将增加实际的用线量。

分袖

从圈首记号开始，下针编织（39，43，47）50，54，58（61，64，67）70 针。

将接下来的（54，57，60）65，68，71（76，81，86）91 针用废线穿起，作为右袖。

使用卷加针起针法，起（2，4，6）10，12，14（18，22，26）30 针。编织接下来的（78，86，94）100，108，116（122，128，134）140 针。

将接下来的（54，57，60）65，68，71（76，81，86）91 用废线穿起，作为左袖。

使用卷加针起针法，起（2，4，6）10，12，14（18，22，26）30 针，在这些针目的中间位置挂记号，标记为圈首记号。

（160，180，200）220，240，260（280，300，320）340 针。

继续环形编织平针，直到衣身的长度离腋下的起针处 28 厘米，或比您理想的总衣身短 5 厘米。

下摆

换成小号棒针。

第 1 圈：*1 针下针，1 针上针* 重复至圈首记号。

重复第 1 圈，直到下摆长约 5 厘米。按单罗纹规律，松松地收针。

袖子

两只袖子的编织方法是相同的。

将第 1 只袖子的（54，57，60）65，68，71（76，81，86）91 针穿回到棒针上。从针目结束和腋下开始的位置，接上主色线，挑针编织（2，4，6）10，12，14（18，22，26）30 针，再从腋下的裆分的两侧各多挑 1 针。在这些腋下针目的正中间放记号。这将成为（袖子的）圈首记号。

（58，63，68）77，82，87（96，105，114）123 针。

第 1 圈：下针编织至袖子（挑出来的针目前）余 1 针，下针右上 2 并 1，下针编织至圈首记号。

第 2 圈：下针编织至最后 1 针挑针之前（在袖子针目之前），下针左上 2 并 1，下针编织至圈首记号。

（56，61，66）75，80，85（94，103，112）121 针。

袖子减针

第 1 步：下针编织（10，10，10）10，8，8（5，4，3）圈。

第 2 步：2 针下针，下针左上 2 并 1，下针编织至最后 4 针前，下针右上 2 并 1，2 针下针。

再重复第 1～2 步（3，3，5）7，9，9（13，15，19）21 次。

（48，53，54）59，60，65（66，71，72）77 针。

然后继续编织平针，直到袖子长度离腋下起针处 38 厘米，或比您理想的总袖长短 6.5 厘米。

减针圈

尺寸 1、3、5、7、9：*4 针下针，下针左上 2 并 1* 重复至圈首记号。

尺寸 2、4、6、8、10：3 针下针，下针左上 2 并 1，*4 针下针，下针左上 2 并 1* 重复至圈首记号。

（40，44，45）49，50，54（55，59，60）64 针。

编织 1 圈下针。

袖口

换成小号棒针。

尺寸 1、2、5、6、9、10：*1 针下针，1 针上针* 重复至圈首记号。

尺寸 3、4、7、8：下针左上 2 并 1，1 针上针，*1 针下针，1 针上针* 重复至圈首记号。

（--，--，44）48，--，--（54，58，--）-- 针。

继续按单罗纹规律编织，直到袖口长约 5 厘米。按图案规律，松松地收针。

重复此方法，编织第 2 只袖子。

收尾

织完毛衣后，您需要做一些收尾工作。

首先，您需要将毛衣起针和收针处露出的所有线尾藏好。用缝针将作品反面的线尾松松穿藏，然后小心地剪掉多余的线尾。

最后且最重要的一点是定型。将织好的毛衣浸泡在室温的水中，加入少许羊毛洗涤剂，浸泡 15～20 分钟。然后，将毛衣从水中捞出并挤压出水分。如果您使用的纱线是动物纤维，则必须更小心，轻轻地挤压织物，不要搅动，以免织物产生毡缩。我通常会把毛衣放在两条毛巾中间，卷起来，然后轻轻踩踏在卷起的毛巾上。接下来，把毛衣铺开并定型、晾干。毛衣将以你所放置晾干的状态定型，所以一定要定型在自己需要的尺寸。

毛衣晾干后就可以穿了！享受您的辛勤劳动成果吧！

备注：＊＊表示重复星号之间的指导，直到指定位置为止。

轻薄可叠穿
的细线毛衣

概述

细线编织的毛衣非常轻便而且保暖，几乎可以在任何场合穿着——在凉爽的夏日傍晚穿着足够轻便，在寒冷的季节里也能轻松叠穿，而在介乎于这两种温度之间的场合，单穿也是完美的。对我而言，用这种粗细的线材来设计和编织，意味着我可以在很小的空间里编织出复杂的图案。花时间慢慢编织，享受其中的细节——试试本章的作品吧！

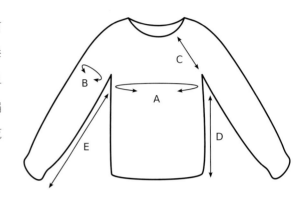

您将需要

棒针

· 美制 4 号 / 3.5 毫米织主体
（或可获得所需密度的针号）
· 美制 2 号 / 2.75 毫米织罗纹边
（或比主针号小 2 号的棒针）

小工具

· 记号
· 别色线
· 缝针
· 麻花辅助针（用于艾德琳毛衣）

选择您的尺码

成品尺寸

尺码		1	2	3	4	5	6	7	8	9	10
A: 胸围（圈围）	英寸	32	36	40	44	48	52	56	60	64	68
	厘米	81.5	91.5	101.5	112	122	132	142	152.5	162.5	172.5
B: 上臂围（圈围）	英寸	12.5	13.5	15	15.75	16.5	17.5	19	20.5	22	23.5
	厘米	32	34.5	38	40	42	44.5	48.5	52	56	59.5
C: 育克长度（前片）	英寸	8	8.5	9	9.5	10	10.25	10.5	10.75	11	11.25
	厘米	20.5	21.5	23	24	25.5	26	26.5	27.5	28	28.5

D: 腋下长（从腋下至下摆）: 33 厘米（13 英寸）

E: 袖下长（从腋下至袖口）: 44.5 厘米（17.5 英寸）

编织密度

10 厘米 ×10 厘米面积内 24 针 ×28 圈，环形编织的平针花样，定型后测量。

简妮毛衣

艾德琳毛衣

芬莉毛衣

米拉毛衣

简妮毛衣

简妮毛衣，使用两种对比鲜明的颜色形成了迷人的育克图案。

为提花作品选择配色时，可将两种颜色的毛线放在一起拍照，并在手机或相机上以黑白模式查看。如果两个颜色看起来差别不大，请换成其他颜色组合。只有在黑白照片中色差巨大的颜色组合，才可以编织出对比强烈的提花图案！

纱线用量

纱线：Tot Le Matin Yarns Tot Single Mohair，56% 超水洗美利奴羊毛 /44% 马海毛，100 克 /400 米

尺码		1	2	3	4	5	6	7	8	9	10
主色	码	1 064	1 136	1 207	1 278	1 349	1 420	1 491	1 562	1 634	1 706
	米	973	1 039	1 104	1 169	1 234	1 299	1 364	1 428	1 494	1 560
配色	码	113	131	149	167	185	203	221	239	257	275
	米	103	120	136	153	169	186	202	219	235	252

教程提示

　　选择两种对比度非常高的颜色作为主色和配色。如果提花的横渡线超过 6 针，请务必进行夹绕。这将有助于保持密度统一，穿毛衣时也不会被横渡线挂住手指。我通常遵循的原则是，如果横渡线长于 2.5 厘米，我就会进行夹绕。

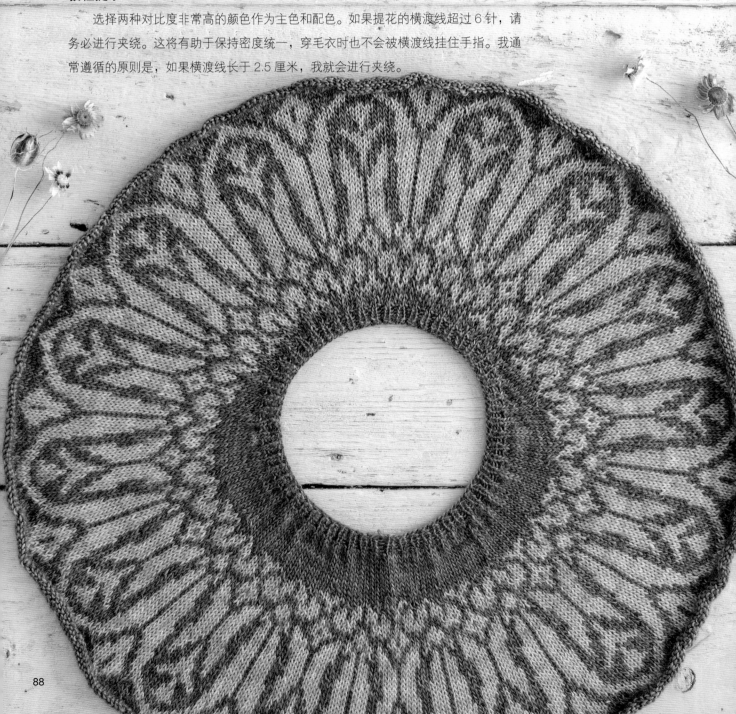

简妮毛衣育克图解

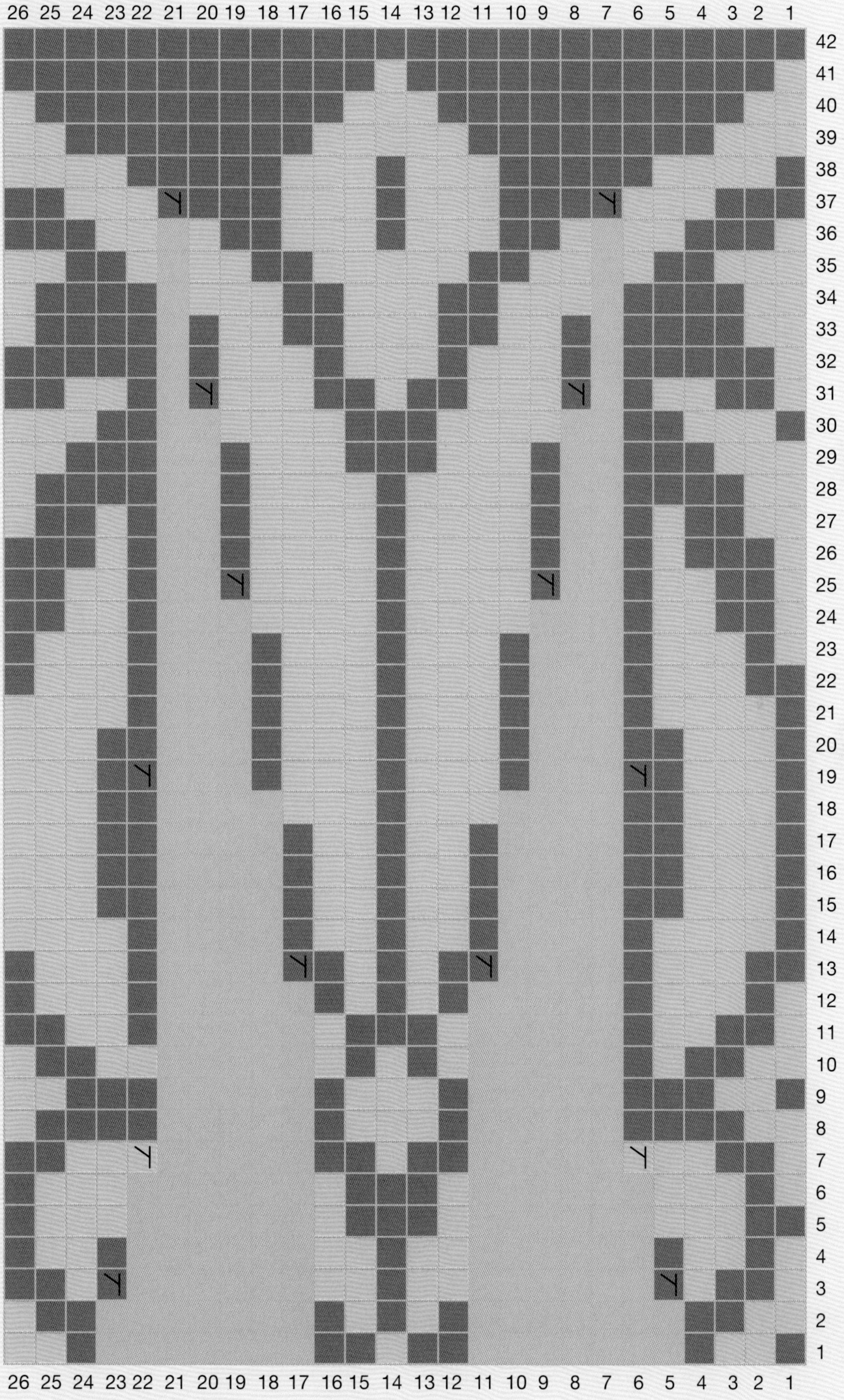

符号说明

- 主色
- 配色
- 下针
- 左扭加针
- 无针

米拉毛衣

米拉毛衣的灵感来自彩色玻璃窗，阳光透过玻璃窗，在光影和色调的映衬下熠熠生辉。选择三种对比强烈的颜色，您可以选择有斑点的纱线来营造有趣的效果，但要确保斑点色不会影响其他颜色的搭配。

我使用的单股纱线为毛衣带来微亮的光泽，营造出彩色玻璃的意境。如果您想获得类似的效果，可以选择含有真丝的线材。

纱线用量

纱线：La Bien Aimée Singles，100% 美利奴羊毛，100 克 /366 米

尺码		1	2	3	4	5	6	7	8	9	10
主色	码	765	829	892	956	1 020	1 084	1 147	1 211	1 275	1 339
	米	700	758	816	874	933	991	1 049	1 107	1 166	1 224
配色 1	码	118	139	160	181	202	223	244	265	286	307
	米	108	127	146	166	185	204	223	242	262	281
配色 2	码	84	101	120	138	156	174	192	210	228	246
	米	77	92	110	126	143	159	176	192	208	225

教程提示

选择 3 种对比度高的颜色。在育克的其中几圈提花图案中，您需要同时编织 3 种颜色。试着一只手带着最常用的两种颜色，另一只手带着第 3 种颜色。编织这几圈时，尤其要检查松紧，以保持密度统一。

米拉毛衣育克图解

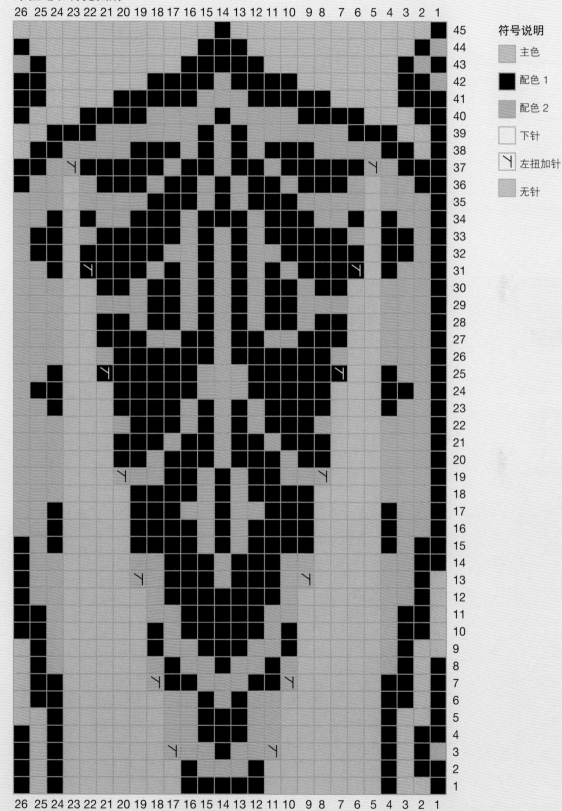

符号说明

主色

配色 1

配色 2

下针

左扭加针

无针

芬莉毛衣

芬莉毛衣的灵感来源于花卉，我喜欢种花，并经常以此为灵感来源。

您可以为这个设计选择两种颜色的组合。对比度大的颜色看起来更大胆，对比度小的颜色看起来更柔和，使用杂色纱线作为对比色也会产生有趣的效果，只要确保您使用的主色与对比色中的任何颜色都不同即可。

多尝试不同的选择，一定要将两种颜色搭配在一起编织样片，看看它们是否能"玩到一起"。

纱线用量

纱线：Camellia Fiber Co. CFC Sylvan Fingering，70% 羊驼 /20% 真丝 /10% 羊绒，100 克 /400 米

尺码		1	2	3	4	5	6	7	8	9	10
主色	码	1 143	1 238	1 333	1 429	1 524	1 619	1 714	1 810	1 905	2 000
	米	1 045	1 132	1 219	1 307	1 394	1 481	1 567	1 655	1 742	1 829
配色	码	90	119	138	157	176	195	214	233	252	271
	米	82	109	126	144	161	178	196	213	230	248

教程提示

细线毛衣也可以织成七分袖。将袖子织到比所需总长度短 5 厘米的长度，然后织袖口罗纹。省略袖口前的最后一次减针，但要确保针数能被 4 整除，以便织出双罗纹花样，必要时，可以通过分散减针来调整针数。

芬莉毛衣育克图解

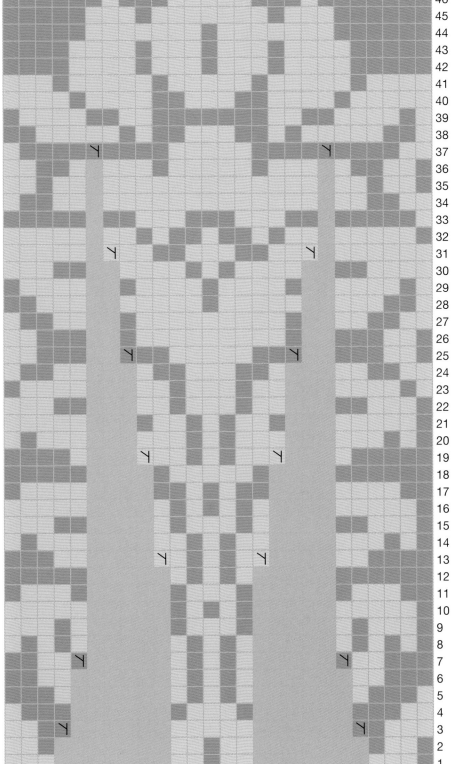

符号说明

⬛	主色
⬜	配色
□	下针
⅄	左扭加针
▨	无针

艾德琳毛衣

艾德琳毛衣是采用两股蕾丝线合股编织而成的。我喜欢以超级柔软的小牦牛毛为主要成分的线材，在我的设计中经常使用这种纱线。如果您喜欢，也可以用单股的中细线、细线或超细线来编织这件毛衣。只需确保织出来的样片密度合适。

柔软的纱线带有一点光晕，营造出浪漫的氛围。如果您希望图案的针脚更加清晰，可以使用纺线工艺更加紧实的毛线。

纱线用量

纱线：Baby Yak Lace，100% 婴儿牦牛毛，50 克 /339 米

尺码		1	2	3	4	5	6	7	8	9	10
主色	码	1 893	2 039	2 184	2 330	2 476	2 621	2 767	2 912	3 058	3 204
	米	1 731	1 865	1 997	2 131	2 264	2 397	2 530	2 663	2 797	2 930

教程提示

　　这件毛衣使用 2 根蕾丝线合股编织。整个育克的编织密度要保持统一，才能达到美观、均匀的效果。确保使用正确的加针方式，注意图解中的加针是上针还是下针，以保持花样正确。

　　此作品的交叉针分为 2 针、3 针和 4 针，以及上针和下针，请仔细按照每个交叉针符号的说明进行操作。熟练的编织者可以尝试不用麻花辅助针来编织交叉针，这种技巧需要一些时间来适应，因此一定要在样片上练习，并在作品中使用同样的交叉针编织技巧。

艾德琳毛衣育克图解

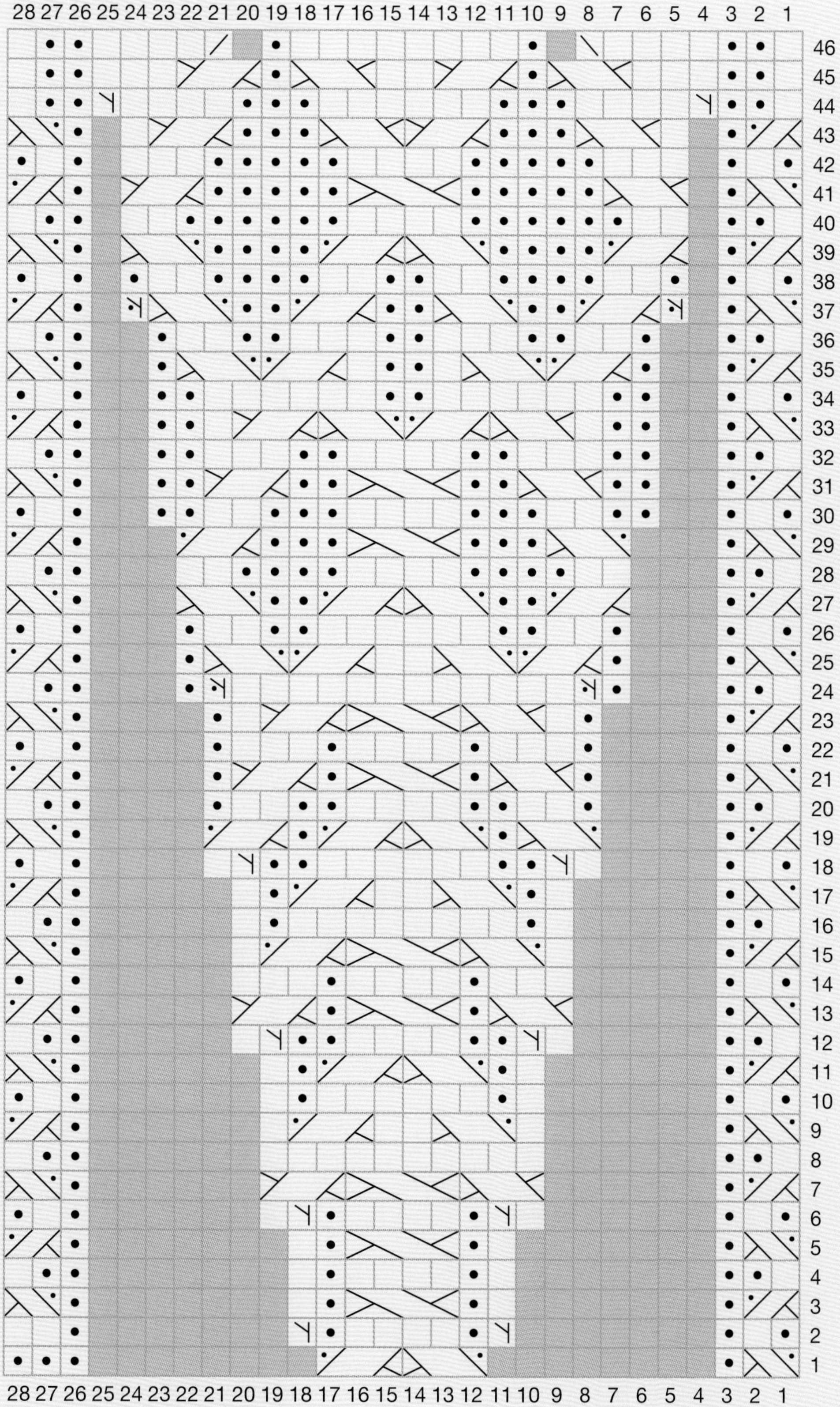

符号说明

符号	说明
□	下针
•	上针
▨	无针
Ⴘ	左扭加针
ﾆ	上针的左扭加针
╱	下针左上2并1
╲	下针右上2并1
⤫•	右上1针交叉（下侧为上针）
•⤫	左上1针交叉（下侧为上针）
⤬	右上2针与1针交叉
⤬	左上2针与1针交叉
⤬•	右上2针与1针交叉（下侧为上针）
•⤬	左上2针与1针交叉（下侧为上针）
⤬	右上2针交叉

细线毛衣编织教程

细线编织的毛衣在任何季节都非常实用！它既可以在凉爽的夏夜穿着，也可以在寒冷的季节叠穿。因为较细的纱线更容易表现复杂的细节，所以即使织出一件毛衣要花费更多的时间，也是非常值得的。

在本章的 4 款作品中，您可以使用细线、中细线或超细线加 1 股蕾丝线，或双股的蕾丝线（如艾德琳毛衣）。只要您的编织密度合适，并对该密度的织物感到满意，那么您就可以开始编织了！

教程

开始

使用细号棒针，用简妮毛衣的主色，或米拉毛衣的配色1，或艾德琳毛衣的主色，或芬莉毛衣的主色，长尾起针法或您惯用的起针方法，松松地起（96，104，112）112，116，120（124，128，132）132针，放记号标记后领口，首尾相连准备圈织。此记号称为圈首记号。

第1圈：*1针下针，1针上针*重复至圈首记号。

将第1圈再重复4次。

换用主针号。

加针圈1：*2针下针，左扭加针*到一圈结束。

（144，156，168）168，174，180（186，192，198）198针。

后领引返塑形

推荐使用德式引返方法，在我看来这是最不明显的引返方法。当教程写到"翻面"时，您也可以自由地使用您所惯用的引返方法。

第1行（正面）：下针编织（36，40，44）44，46，48（50，52，54）56针，翻面。

第2行（反面）：上针编织回圈首记号，滑过记号，上针编织（36，40，44）44，46，48（50，52，54）56针，翻面。

第3行（正面）：下针编织至超过上一次引返的针目4针处，翻面。

第4行（反面）：上针编织至超过上一次引返的针目4针处，翻面。将第3行和第4行重复多2次。下针编织至圈首记号。

编织一圈，将遇到的引返的针目消行（挑起之前为了引返而在针目上环绕的线圈，将它与对应的针目进行并针）。

加针圈2（仅适用于尺寸4~10）

尺寸4：*14针下针，左扭加针*重复至圈首记号。

尺寸5：*9针下针，左扭加针，10针下针，左扭加针，10针下针，左扭加针*重复至圈首记号。

尺寸6：*7针下针，左扭加针，8针下针，左扭加针*重复至圈首记号。

尺寸 7：*7 针下针，左扭加针，（6 针下针，左扭加针）4 次 * 重复至圈首记号。

尺寸 8：*6 针下针，左扭加针，（5 针下针，左扭加针）2 次 * 重复至圈首记号。

尺寸 9：*（5 针下针，左扭加针）3 次，4 针下针，左扭加针 * 重复至最后 8 针前，（4 针下针，左扭加针）2 次。

尺寸 10：*（3 针下针，左扭加针，4 针下针，左扭加针）2 次，（4 针下针，左扭加针）2 次 * 重复至圈首记号。

（144，156，168）180，192，204（216，228，240）252 针。

按图解编织。

（312，338，364）390，416，442（468，494，520）546 针。

继续使用主色线编织平针，直到育克前片的长度达到（20.5，21.5，23）24，25.5，26（26.5，27.5，28）28.5 厘米。此时是试穿育克的好时机，以确认它是否适合您的身材。必要时，您可以在分袖前织长一些，注意这将增加实际的用线量。

分袖

取下圈首记号。

下针编织（44，49，53）58，63，68（72，76，80）84 针。

将接下来的（68，71，76）79，82，85（90，95，100）105 针用废线穿起，作为右袖。

使用卷加针起针法，起（8，10，14）16，18，20（24，28，32）36 针。

编织接下来的（88，98，106）116，126，136（144，152，160）168 针。

将接下来的（68，71，76）79，82，85（90，95，100）105 针用废线穿起，作为左袖。

使用卷加针起针法，起（8，10，14）16，18，20（24，28，32）36 针，在这些针目的中间位置挂记号，标记为圈首记号。

（192，216，240）264，288，312（336，360，384）408 针。

继续环形编织平针，直到衣身的长度离腋下的起针处 11 英寸 /28 厘米，或比您理想的总衣身短 5 厘米。

下摆

换成小号棒针。

第 1 圈：*2 针下针，2 针上针 * 重复至圈首记号。

重复第 1 圈，直到下摆长约 2 英寸 /5 厘米。按双单纹规律松松地收针。

袖子

两只袖子的编织方法是相同的。

将第 1 只袖子的（68，71，76）79，82，85（90，95，100）105 针穿回到棒针上。从针目结束和腋下开始的位置，接上主色线，挑针编织（8，10，14）16，18，20（24，28，32）36 针，再从腋下的裆分的两侧各多挑 1 针。在这些腋下针目的正中间放记号。这将成为（袖子的）圈首记号。

（78，83，92）97，102，107（116，125，134）143 针。

第 1 圈：下针编织至袖子（挑出来的针目前）余 1 针，下针右上 2 并 1，下针编织至圈首记号。

第 2 圈：下针编织至最后 1 针挑针之前（在袖子针目之前），下针左上 2 并 1，下针编织至圈首记号。

（76，81，90）95，100，105（114，123，132）141 针。

袖子减针

第 1 步：下针编织（6，6，6）5，4，4（4，3，3）圈。

第 2 步：3 针下针，下针左上 2 并 1，下针编织至最后 5 针前，下针右上 2 并 1，3 针下针。

再重复第 1～2 步（9，7，9）10，9，11（13，18，20）22 次。

（56，65，70）73，80，81（86，85，90）95 针。

然后继续编织平针，直到袖子长度离腋下起针处 38 厘米，或比您理想的总袖长短 5 厘米。

减针圈

尺寸 1：*5 针下针，下针左上 2 并 1* 重复至圈首记号。

尺寸 2，3，5，8，9，10：*3 针下针，下针左上 2 并 1* 重复至圈首记号。

尺寸 4：5 针下针，下针左上 2 并 1，*4 针下针，下针左上 2 并 1* 重复至圈首记号。

尺寸 6，7：4 针下针，下针左上 2 并 1，*3 针下针，下针左上 2 并 1* 重复至圈首记号。

（48，52，56）61，64，65（69，68，72）76 针。

编织 1 圈下针。

袖口

换成小号棒针。

尺寸 1，2，3，5，8，9，10：*2 针下针，2 针上针* 重复至圈首记号。

尺寸 4，6，7：下针左下 2 并 1，1 针下针，2 针上针，*2 针下针，2 针上针* 重复至圈首记号。

（--，--，--）60，--，64（68，--，--）-- 针。

继续按双罗纹针规律编织，直到袖口长约 5cm。按双罗纹规律，松松地收针。

重复此方法，编织第 2 只袖子。

收尾

织完毛衣后，您需要做一些收尾工作。

首先，您需要将毛衣起针和收针处露出的所有线尾藏好。用缝针将作品反面的线尾松松穿藏，然后小心地剪掉多余的线尾。

最后且最重要的一点是定型。将完成的毛衣浸泡在室温的水中，加入少许羊毛洗涤剂，浸泡 15～20 分钟。然后，将毛衣从水中捞出并挤压出水分。如果您使用的纱线是动物纤维，则必须更小心，轻轻地挤压织物，不要搅动，以免织物产生毡缩的风险。我通常会把毛衣放在两条毛巾中间，卷起来，然后轻轻踩踏在卷起的毛巾上。接下来，把毛衣铺开并定型、晾干。毛衣将以你所放置晾干的状态定型，所以一定要定型在自己需要的尺寸。

毛衣晾干后就可以穿了！享受您的辛勤劳动成果吧！

备注：* * 表示重复星号之间的指导，直到指定位置为止。

交叉针

编织交叉针时，您需要按指定的针数将针目移到麻花辅助针上，并将麻花辅助针置于织物的前面或后面。数字表示移动的针数和接下来要编织的针数。

下图介绍的是4针的交叉（2针在麻花辅助针上，2针在左棒针上）。

其他交叉针的编织方法与此类似，可按照每个交叉针所列出的说明进行编织。

图解示范

右上2针交叉

将左棒针的下2针移到麻花辅助针上，并置于织物的前方。接下来从左棒针上编织2针下针，然后再从麻花辅助针上编织2针下针，形成向左倾斜的右上（右方针目位于上方）2针交叉。

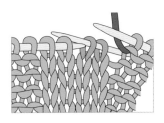 

左上2针交叉

将左棒针的下2针移到麻花辅助针上，并置于织物的后方。接下来从左棒针上编织2针下针，然后再从麻花辅助针上编织2针下针，形成向右倾斜的左上（左方针目位于上方）2针的交叉。

交叉针的编织说明

右上1针交叉

移1针到麻花辅助针，并置于织物的前方；从左棒针上编织1针下针，然后再从麻花辅助针上编织1针下针。

左上1针交叉

移1针到麻花辅助针，并置于织物的后方；从左棒针上编织1针下针，然后再从麻花辅助针上编织1针下针。

右上1针交叉（下侧为上针）

移1针到麻花辅助针，并置于织物的前方；从左棒针上编织1针上针，然后再从麻花辅助针上编织1针下针。

左上1针交叉（下侧为上针）

移1针到麻花辅助针，并置于织物的后方；从左棒针上编织1针上针，然后再从麻花辅助针上编织1针上针。

右上2针与1针交叉

移2针到麻花辅助针，并置于织物的前方；从左棒针上编织1针下针，然后再从麻花辅助针上编织2针下针。

左上2针与1针交叉

移1针到麻花辅助针，并置于织物的后方；从左棒针上编织2针下针，然后再从麻花辅助针上编织1针下针。

右上2针与1针交叉（下侧为上针）

移2针到麻花辅助针，并置于织物的前方；从左棒针上编织1针上针，然后再从麻花辅助针上编织2针下针。

左上2针与1针交叉（下侧为上针）

移1针到麻花辅助针，并置于织物的后方；从左棒针上编织2针下针，然后从麻花辅助针上编织1针上针。

右上2针交叉

移2针到麻花辅助针，并置于织物的前方；从左棒针上编织2针下针，然后再从麻花辅助针上编织2针下针。

左上2针交叉

移2针到麻花辅助针，并置于织物的后方；从左棒针上编织2针下针，然后再从麻花辅助针上编织2针下针。

右上2针交叉（下侧为上针）

移2针到麻花辅助针，并置于织物的前方；从左棒针上编织2针上针，然后从麻花辅助针上编织2针下针。

左上2针交叉（下侧为上针）

移2针到麻花辅助针，并置于织物的后方；从左棒针上编织2针下针，然后再从麻花辅助针上编织2针上针。

基础编织技法

下针织法（欧洲大陆式）

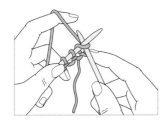 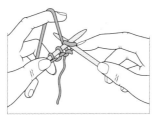  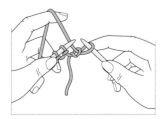

保持毛线位于左棒针后方。将右棒针从前往后送入左棒针上的下一个针圈。针头往下挂住毛线，将织出来的针圈掏出。将针圈从左棒针脱落。

下针织法（英国式）

保持毛线位于织物后方。将右棒针从左往右（下针方向）送入左棒针上的下一个针圈。以逆时针方向将毛线挂在右棒针上，将织出来的针圈掏出。将针圈从左棒针脱落。

上针织法（欧洲大陆式）

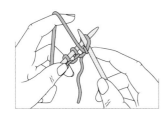 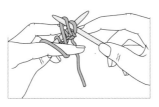  

保持毛线位于左棒针前方。将右棒针从后往前送入左棒针上的下一个针圈。将毛线从上往下挂在右棒针上，将织出来的针圈掏出。将针圈从左棒针脱落。

上针针法（英国式）

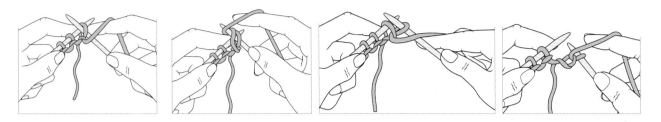

　　保持毛线位于织物前方。将右棒针从右往左（上针方向）送入左棒针上的下一个针圈。以逆时针方向将毛线挂在右棒针上，将织出来的针圈掏出。将针圈从左棒针脱落。

长尾起针法

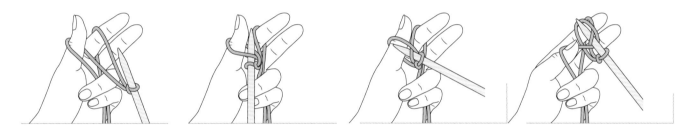

　　预留一个长线尾（约3米），打一个活结。将活结挂在右棒针上。将左手食指和拇指向下放在两股线之间，长线尾靠近拇指。现在，将左手向上翻转，使纱线挂在手指和拇指上，最后进入手指和拇指的内侧，握紧两根线。*将棒针从下往上送入拇指上的线圈，再从上往下钩住食指上的线圈，然后拇指上的线圈掏出。将拇指上的线圈滑落，然后轻轻收紧棒针上的线圈。再将拇指放回两股线之间，然后撑开到原来的位置。从*开始重复，直到起出所需的针数。

卷加针起针法

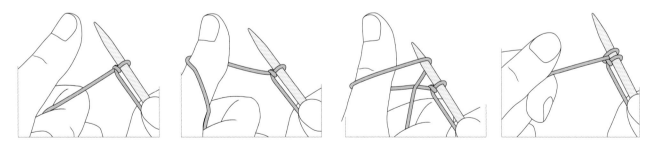

　　将左手拇指放在毛线上，尽量靠近毛线与最后一针相连的位置。其他手指握住纱线，将拇指朝对侧移动，从上往下挂住毛线，在拇指上形成一个线圈。将右棒针从下往上挑过拇指上的线圈。收紧针圈，直到它紧挨着前一针。重复此方法，一针针地起针。

收针方法

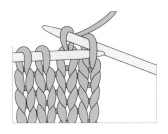  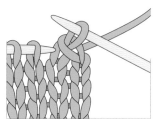 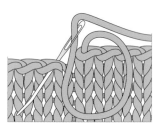

　　编织 2 针下针。将左棒针挑起织好的第 1 针，盖收在第 2 针上方，从左棒针脱落。此时右棒针只有一针。*织 1 针下针，将前 1 针盖收到刚织好的 1 针上，然后从棒针上脱落。从 * 开始继续，直到右棒上余 1 针。断线，将线尾穿过最后一针并拉紧打结。使用缝针将线尾穿过这一圈收针的第 1 针，再打结（闭合圈织的收口）。

下针左上 2 并 1

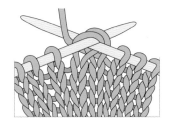

　　将右棒针以下针方向，送入左棒针的第 2 和第 1 针，将 2 针并织成 1 针。

下针右上 2 并 1

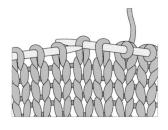 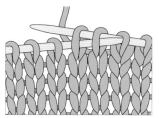

　　将右棒针以下针方向，从左棒针滑下第 1 针，再以下针方向滑下第 2 针。将这两针以上针方向同时移回左棒针上，从后腿进针并织成 1 针。

左扭加针

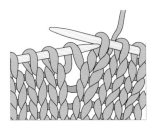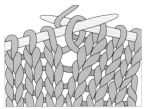

左棒针从前往后挑起连接两针之间的那根横线。将右棒针以扭下针的方向（从后往前）送入该线圈，编织出下针。

上针的左扭加针

左棒针从前往后挑起连接两针之间的那根横线。保持线在前，将右棒针从后往前送入该线圈，编织出上针。

右扭加针

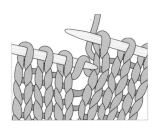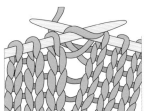

左棒针从后往前挑起连接两针之间的那根横线。将右棒针以下针的方向（从前往后）送入该线圈，编织出下针。

上针的右扭加针

左棒针从后往前挑起连接两针之间的那根横线。保持线在前，将右棒针从前往后送入该线圈，编织出上针。

其他编织技法

首尾相连圈织

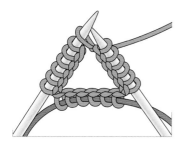  

推荐最不明显的首尾相连圈织方法：起出指定针数后，再多起1针。确保棒针上的针目方向不扭转，将两个针头靠到一起。将多起的1针从右棒针移到左棒针上。将左棒针上的第1针套到多起的这一针上。在右棒针上放记号，将多起的这针移回右棒针。这一针此时看起来像已编织的下针，所以把它当成第1圈已织好的第1针。

德式引返

正面行之后的翻面

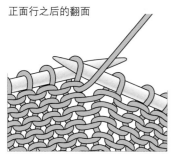 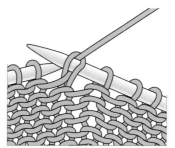

反面行之后的翻面

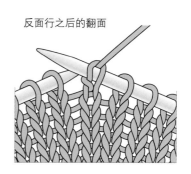

正面行之后的翻面：按指引编织到指定位置。将织物翻到反面，保持毛线位于前方（织物反面），将毛线拎到棒针后方并拉紧，直到针脚看起来像"2针"，完成引返。按照教程指引，编织后续的针目。

反面行之后的翻面：按指引编织到指定位置。将织物翻到正面，保持毛线位于前方（织物正面），将毛线拎到棒针后方并拉紧，直到针脚看起来像"2针"，完成引返。按照教程指引，编织后续的针目。

泡泡针（中长针的枣形针）

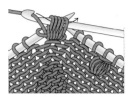

　　将钩针以下针方向从前向后插入针圈，掏出一个线圈，保留原针圈在棒针上不脱落。钩针挂线。用同样的方法再掏出另一个线圈。再一次挂线，再掏出一个线圈，始终保留原针圈在棒针上不脱落（此时钩针上共5个线圈）。钩针挂线，从钩针上的5个线圈掏出（钩针上余1个线圈）。再次挂线，从钩针上的线圈掏出，将钩针以下针的方向送入左棒针上的原针圈，再拉出一针，将原针圈从左棒针脱落（钩针上余2个线圈）。再次挂线，从钩针上的2个线圈拉出（钩针上余1个线圈）。将钩针上余下的针圈移到右棒针，按照教程继续往下编织。

挑针

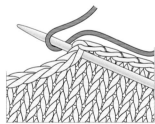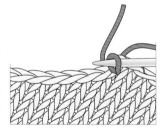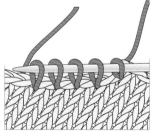

　　棒针从前往后插入针圈中间或针圈之间的空隙。以编织下针的方法将毛线挂在针上，然后将线圈拉到织物的正面，形成新的一针。继续按此方法，按照指示均匀地形成出新的针目，直到挑出所需的针数。

图片来源：Kristen Rice Photography

作者

奥尔加·普塔诺（Olga Putano）是一名出生于乌克兰的针织毛衣设计师，现在与丈夫和 4 个孩子居住在美国东北部的一个农场。她擅长设计配色提花毛衣，并不断探索和实践新的编织技术，旨在激发编织爱好者们为自己的生活增添一抹色彩。奥尔加设计的作品不仅体现了她对自然和田园生活的热爱，更融入了家庭农场的自然清新气息，每一件作品仿佛都在诉说着田园生活的宁静与和谐。

译者

舒舒：舒编舒译工作室创始人，专业编织讲师，毕业于华南师范大学外国语言文化学院，已翻译英、日、俄等多部编织著作；作为广州第一间日本手艺普及协会认定的编织教室创始人，擅长左手带线特色教学；所指导的"醒狮织绣"艺术实践工作坊项目，曾获全国第六届中小学生艺术展演活动学生艺术实践工作坊一等奖。

致谢

2018 年，当我开始设计编织作品时，我曾梦想有一天能写一本书。在这个天才设计师云集的世界里，作为一个刚入行的设计师，这无疑是一个雄心勃勃的梦想。我将永远铭记并感激大卫和查尔斯出版社（David and Charles）的莎拉（Sarah），是她向我提出了编写这本书的想法。育克毛衣是我一贯爱好的设计风格，也是我的创作乐趣所在，所以我很自然（同时也很兴奋）地同意了这个项目。感谢大卫和查尔斯出版社每一位服务这本书的员工，每一次谈话中都感受到你们的善意和耐心。

要感谢我的母亲，是她教会了我如何编织；要感谢我的丈夫，在我为这个项目兴奋和磨难时，是他给予了我极大的支持；感谢我的姐姐娜佳（Nadya），她无私地多次带着我的 4 个孩子进行激动人心的冒险，每次都能让我有几个小时的安静时间来创作这本书。还要感谢我的家人和朋友们，在我为实现这个梦想而努力工作的过程中，他们充满爱意地询问和倾听给了我无限的鼓励。

新书速递

更多原创经典图书供编织爱好者参考

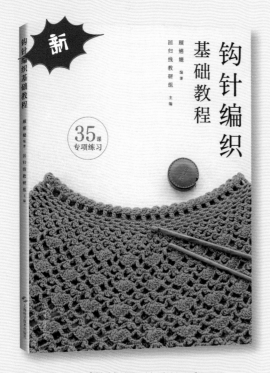

《钩针编织基础教程》

★ 创意与技巧同行的专业编织指南

《嬿兮整花一线连：无须断线的钩编花片应用》

★ 新颖、高效，富有创造力的钩编技法

《质趣志01：藏在毛线里的编织乐趣》

《质趣志02：编织的色彩乐章》

★ 编织爱好者们自己的作品合集，有故事的编织书

图书在版编目（CIP）数据

从领口开始编织的棒针毛衫 : 12款经典圆育克花样 /
（美）奥尔加·普塔诺（Olga Putano）著 ；舒舒译.
上海 : 上海科学技术出版社，2024. 8.（2025.3 重印）--
（编织的世界）. -- ISBN 978-7-5478-6710-5

Ⅰ. TS941.763-64

中国国家版本馆CIP数据核字第2024MP3756号

上海市版权局著作权合同登记号 （图字：09-2023-0664号）

从领口开始编织的棒针毛衫：12 款经典圆育克花样

［美］奥尔加·普塔诺（Olga Putano） 著

舒舒 译

上海世纪出版（集团）有限公司
上 海 科 学 技 术 出 版 社 　出版、发行
（上海市闵行区号景路 159 弄 A 座 9F-10F）
邮政编码 201101　　www.sstp.cn
上海雅昌艺术印刷有限公司印刷
开本 889×1194　1/16　印张 8
字数 200 千字
2024 年 8 月第 1 版　2025 年 3 月第 2 次印刷
ISBN 978-7-5478-6710-5/TS·262
定价：79.80 元